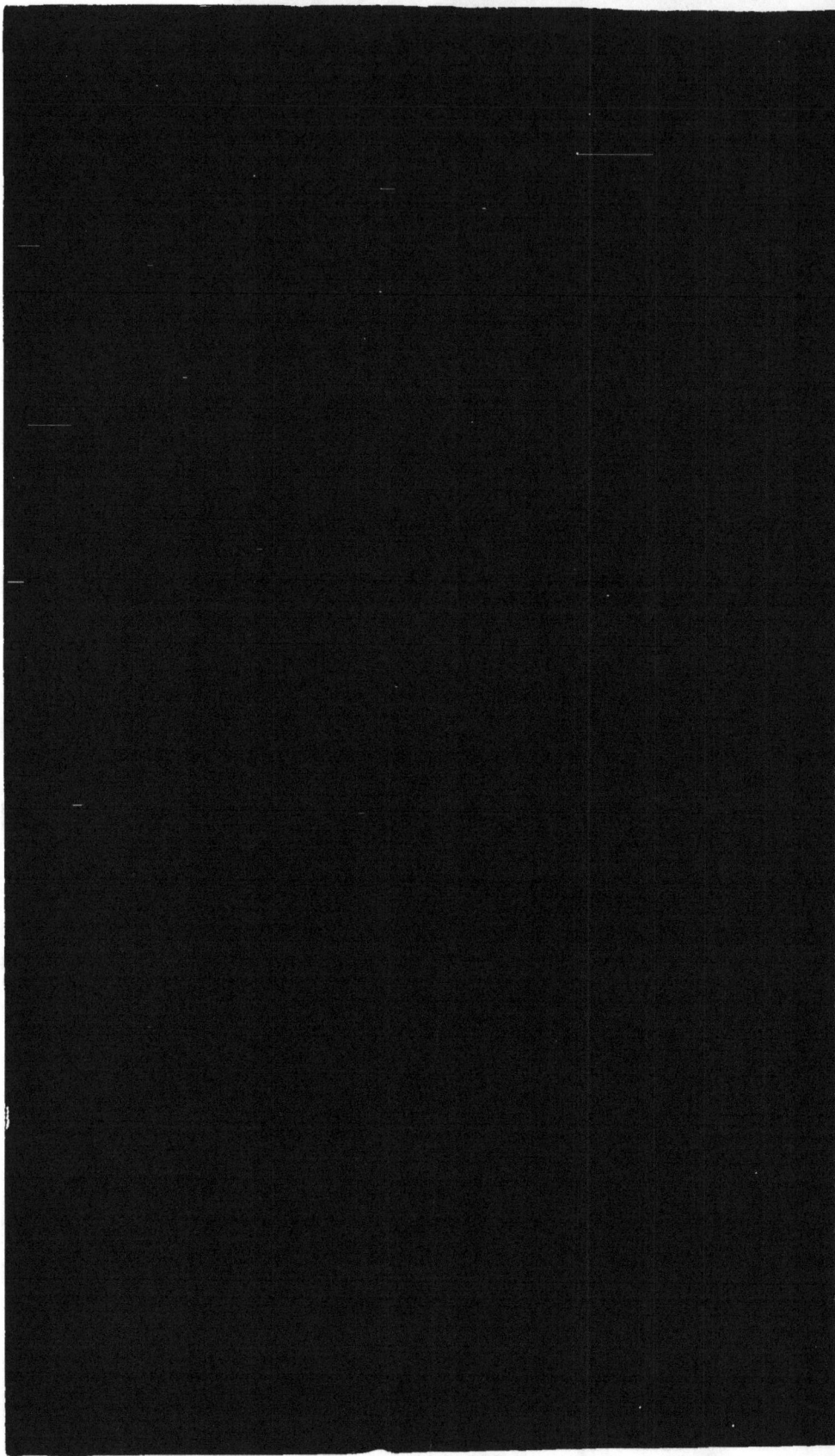

RÉSUMÉ

DES

OBSERVATIONS MÉTÉOROLOGIQUES

FAITES A LA FACULTÉ DES SCIENCES DE MONTPELLIER

PENDANT L'ANNÉE 1867

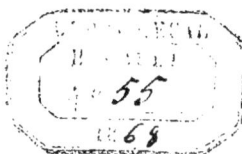

PAR

M. Édouard ROCHE

MONTPELLIER

TYPOGRAPHIE DE PIERRE GROLLIER

Rue du Bayle, 10

1868

RÉSUMÉ

DES

OBSERVATIONS MÉTÉOROLOGIQUES

Faites à la Faculté des Sciences de Montpellier pendant l'année 1867

La température moyenne de l'année a été 14°,7, par conséquent égale à la moyenne des onze ans 1857-1867.

ANNÉES.	HAUTEUR MOYENNE DU BAROMÈTRE.			TEMPÉRATURE MOYENNE.
	8 heures du matin.	Midi.	4 heures du soir.	
1857	757,2	757,0	756,3	14,1
1858	757,0	756,6	756,0	14,5
1859	757,5	757,2	756,5	15,1
1860	755,8	755,6	755,0	13,5
1861	757,6	757,4	756,7	15,0
1862	756,8	756,6	755,9	15,0
1863	758,5	758,2	757,5	15,3
1864	756,6	756,3	755,6	14,6
1865	757,4	757,2	756,6	14,9
1866	757,8	757,5	756,8	15,2
1867	»	»	»	14,7
Moyenne.	757,2	757,0	756,3	14,7

Voici, d'après nos onze années d'observations, les moyennes mensuelles du baromètre et de la température :

	BAROMÈTRE A MIDI.	TEMPÉRATURE		
		MAXIMA.	MINIMA.	MOYENNE.
Janvier	758,9	9,4	2,5	6,0
Février	758,0	11,2	3,5	7,4
Mars.......	754,5	14,3	5,7	10,0
Avril	756,1	19,4	9,0	14,2
Mai........	755,5	23,1	12,4	17,7
Juin.......	756,7	27,4	16,0	21,7
Juillet......	757,1	30,5	18,4	24,5
Août.......	756,8	29,0	17,8	23,4
Septembre..	757,8	25,1	14,9	20,0
Octobre....	756,3	19,4	11,4	15,4
Novembre..	756,3	13,3	6,3	9,8
Décembre..	759,5	10,0	3,2	6,6
Moyenne...	757,0	19,3	10,1	14,7

La plus grande hauteur barométrique en 1867 a été 770mm,1, le 2 Février, à 8 heures du matin ; la plus petite, 740mm,8, a eu lieu, comme l'année dernière, le 19 mars, à 4 heures du soir. — Les hauteurs extrêmes observées depuis 11 ans, sont : 774mm,2, le 10 Janvier 1859, et 732mm,0, le 19 mars 1866, à 11 heures du matin.

La hauteur moyenne du baromètre est environ 756^{mm},8 , à notre altitude 58^m,7, ce qui donnerait 762^{mm},4 au niveau de la Méditerranée. Mais il reste à tenir compte de la correction de l'instrument, qui est négative, et ne nous est pas connue exactement.

ANNÉES.	TEMPÉRATURE MOYENNE.			
	Hiver.	Printemps.	Été.	Automne.
1857	5,8	12,3	22,8	15,4
1858	5,6	14,0	23,3	15,2
1859	6,8	14,3	24,5	15,8
1860	5,2	12,5	21,4	14,3
1861	6,7	14,1	23,1	15,6
1862	7,2	15,4	22,5	14,9
1863	7,4	14,7	24,1	15,1
1864	5,5	15,0	23,7	14,6
1865	6,4	13,1	23,9	16,2
1866	8,3	13,8	23,0	14,5
1867	8,9	14,6	22,9	14,1
Moyenne.	6,7	14,0	23,2	15,1

Comparons la température des diverses saisons. L'Hiver de cette année a été très-doux ; c'est le plus chaud de notre série, à cause de la température exceptionnelle du mois de Décembre 1866, et surtout du mois de Fé-

★

vrier 1867. — Le Printemps a été aussi un peu au-dessus
de la moyenne. — Du 23 au 26 Mai, on a constaté
un abaissement très-notable de la température. — Les
derniers mois sont restés en dessous : Octobre et Décembre ont été froids, particulièrement les premiers jours
d'Octobre, le commencement et la fin de Décembre.

ANNÉES.	JOURS de gelée.	JOURS au-dessus de 30°	JOURS de neige.	JOURS d'orages.
1857	32	31	3	15
1858	32	46	1	11
1859	28	50	1	13
1860	27	17	4	9
1861	18	40	1	9
1862	15	27	0	14
1863	6	52	1	14
1864	32	52	3	6
1865	24	44	2	8
1866	5	33	0	15
1867	31	37	5	8
Moyenne.	23	39	2	11

Il y a eu dans l'année 31 jours de gelée. La plus basse
température, — 6°, a eu lieu le 31 Décembre au matin ;
c'est le jour le plus froid, sa température moyenne a

été — 3°,2. — La température moyenne a encore été au-dessous de zéro le 15 et le 16 Janvier, le 9 et le 10 Décembre.

Le thermomètre est monté 37 fois au-dessus de zéro, savoir : 8 fois en Juin, 16 en Juillet, 8 en Août et 5 en Septembre. L'Été a été long ; cependant, sauf le mois de Juin, on peut dire qu'il n'a pas été chaud, parce que le thermomètre n'est jamais monté bien haut.

La température la plus élevée a été 34°,5 le 13 Juin. Les jours les plus chauds sont les 22 et 23 Juillet. — La température moyenne a dépassé 25° le 13 Juin, les 17, 18, 22, 23, 24, 26 et 27 Juillet, les 1 et 16 Août.

Les températures extrêmes observées depuis 11 ans à la Faculté des Sciences, sont : pour le minimum, — 9°,3 le 5 Janvier 1864 au matin ; pour le maximum, 39° le 15 Juillet 1859, et 40° le 5 du même mois à 4 heures du soir ; mais cette dernière température fut tout à fait exceptionnelle.

On a compté, en 1867, 156 jours où le ciel a été beau, 119 nuageux et 90 couverts. Le nombre des jours où il a plu a été de 75. Il n'y a eu que 50 jours absolument pluvieux, savoir : 24 dans le premier trimestre, 9 dans le second, 6 dans le troisième et 11 dans le quatrième.

C'est l'année la plus sèche que nous ayons eue depuis 1859. La quantité de pluie obtenue à l'École Normale d'instituteurs a été 0m,523, dont la moitié est tombée dans les trois premiers mois de l'année. — Les autres mois ont été secs, et surtout Juin, Septembre et Décembre. En Juillet et Août, il n'y a eu guère que des

pluies d'orage. Il n'a pas plu en Décembre ; la seule eau
recueillie provient de la neige du 9 Décembre. — La
pluie la plus forte a été celle du 14 Février, qui a
donné 90 millimètres d'eau.

ANNÉES.	NOMBRE DES JOURS			JOURS de pluie.	PLUIE en millimètres.
	BEAUX.	NUAGEUX.	COUVERTS.		
1857	161	98	106	92	1247
1858	196	99	70	77	645
1859	175	110	80	73	506
1860	148	128	90	90	1006
1861	189	97	79	68	842
1862	176	110	79	86	1299
1863	195	95	75	78	853
1864	172	105	89	98	1037
1865	146	134	85	89	719
1866	139	108	118	94	843
1867	156	119	90	75	522
Moyenne.	168	109	87	84	865

Notre moyenne de 84 jours de pluie diffère à peine de
celle (82) que Poitevin a conclue de 32 années d'observation à Montpellier. La quantité moyenne d'eau de ces
32 ans fut 0m,765. Nos observations de 1857-1867
donnent 0m,865, nombre bien plus considérable. La

différence tient en partie à ce que, dans ces onze ans , il s'est rencontré exceptionnellement plus d'années pluvieuses que d'années sèches.

ANNÉES.	JOURS DE PLUIE.			
	Hiver.	Printemps.	Été.	Automne.
1857	27	23	11	33
1858	26	18	8	27
1859	18	24	10	18
1860	25	18	14	30
1861	29	17	9	18
1862	18	24	12	32
1863	17	26	9	26
1864	25	19	11	34
1865	32	29	15	21
1866	25	32	14	22
1867	29	23	13	16
Moyenne.	25	23	11	25

On voit combien est variable la répartition des jours de pluie suivant les saisons. Poitevin en comptait 23 en Hiver, 24 au Printemps , 14 en Été et 21 en Automne. La répartition des quantités de pluie est encore plus irrégulière.

ANNÉES.	QUANTITÉ DE PLUIE.			
	Hiver.	Printemps.	Été.	Automne.
1857	334	107	57	749
1858	233	133	41	272
1859	97	152	85	158
1860	283	158	86	449
1861	309	242	71	255
1862	124	172	160	797
1863	163	181	146	398
1864	130	151	41	433
1865	353	183	87	363
1866	192	160	184	222
1867	302	136	113	99
Moyenne.	229	161	97	381

Les vents du Nord ont été, cette année, plus fréquents que les vents du Sud, dans le rapport de 9 à 4 ; les vents d'Est, plus fréquents que les vents d'Ouest, dans le rapport de 3 à 2.

Il a fait de très-grands vents du Nord-Ouest les 4, 5 et 6 Avril, — des vents du Nord les 24 et 25 Septembre, — et d'Ouest-Nord-Ouest du 2 au 8 Décembre ; ces derniers accompagnés de froid, et suivis le 9 d'une chute de neige assez abondante.

Il est tombé de la neige le 13 Janvier, le 14 et le 15 Janvier, le 18 Janvier, le 2 Mars et le 9 Décembre. — Il a fait 8 orages, aucun n'a été considérable.

RÉSUMÉ DES OBSERVATIONS FAITES EN 1867.

1867.	TEMPÉRATURE			NOMBRE DES JOURS où le ciel a été généralem.t			JOURS de pluie.	PLUIE en millimètres.
	Maxima.	Minima.	Moyenne.	Beau.	Nuageux.	Couvert.		
Janvier...	9,3	3,6	6,5	7	10	14	12	69
Février...	15,0	6,4	10,7	13	6	9	10	99
Mars.....	15,3	7,0	11,1	3	14	14	13	90
Avril.....	20,5	10,1	15,3	11	13	6	3	9
Mai......	22,7	11,9	17,3	10	14	7	7	37
Juin	28,3	16,3	22,3	15	9	6	6	8
Juillet....	30,2	16,9	23,6	17	10	4	4	59
Août.....	28,9	16,6	22,7	19	9	3	3	46
Septembre.	26,4	13,2	19,8	12	11	7	3	6
Octobre...	17,9	9,4	13,6	13	8	10	9	72
Novembre.	13,8	4,2	9,0	18	6	6	4	21
Décembre .	8,7	1,2	5,0	18	9	4	1	6
Moyenne de l'année.	19,7	9,7	14,7					
TOTAL.				156	119	90	75	522

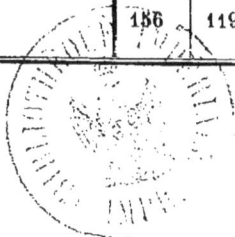

RÉSUMÉ

DES

OBSERVATIONS MÉTÉOROLOGIQUES

Faites à la Faculté des Sciences de Montpellier pendant l'année 1866 ;

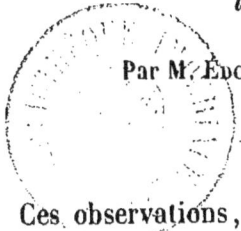

Par M. Édouard ROCHE, Professeur.

Ces observations, commencées le 1er Janvier 1857, ont été continuées dans les mêmes conditions que les années précédentes. Nous allons indiquer sommairement leurs résultats principaux, en les résumant par des tableaux qui permettront de comparer entre elles nos dix années d'observations, au point de vue de la pression barométrique, de la température, de la pluie, etc.

Bien qu'une série de dix ans ne suffise pas absolument à l'étude d'un climat aussi inégal que le nôtre, néanmoins les moyennes de cette période ne sauraient différer beaucoup des valeurs normales qui caractérisent le climat de Montpellier. La régularité et le soin avec lesquels nos observations ont été faites ajoutent encore à leur importance. On en trouvera le tableau complet dans les Mémoires de l'Académie des sciences et lettres de Montpellier.

Le baromètre s'est tenu en moyenne, cette année, fort au-dessus de sa valeur normale. Cela tient aux fortes pressions des mois de Janvier, Octobre, Novembre et

Décembre ; il est resté notablement au-dessous en Février, Mars et Septembre.

Voici le tableau des moyennes annuelles, barométriques et thermométriques, depuis 1857 :

ANNÉES,	HAUTEUR MOYENNE DU BAROMÈTRE.			TEMPÉRATURE MOYENNE.
	8 heures du matin.	Midi.	4 heures du soir.	
1857	757,2	757,0	756,3	14,1
1858	757,0	756,6	756,0	14,5
1859	757,5	757,2	756,5	15,1
1860	755,8	755,6	755,0	13,5
1861	757,6	757,4	756,7	14,9
1862	756,8	756,6	755,9	15,0
1863	758,5	758,2	757,5	15,3
1864	756,6	756,3	755,6	14,6
1865	757,4	757,2	756,6	14,9
1866	757,8	757,5	756,8	15,2
Moyenne.	757,2	757,0	756,3	14,7

La plus grande hauteur barométrique observée en 1866 a été 770^{mm},6, le 25 Janvier, à 8 heures du matin. Le baromètre est descendu à 732^{mm}, le 19 Mars, à 11 heures du matin, par un vent du Sud violent. C'est la plus faible hauteur observée depuis dix ans.

La hauteur moyenne du baromètre est environ de

756mm,8, ce qui donne 762mm,4 au niveau de la Méditerranée. Il reste à tenir compte de la correction de notre instrument, qui est négative, mais ne nous est pas connue exactement.

La température moyenne de l'année, conclue de la demi-somme du maximum et du minimum de chaque jour, a été 15°,2, par conséquent supérieure de 0°,5 à la moyenne des dix ans, qui est 14°,7.

Comparons la température des diverses saisons; l'Hiver étant composé des mois de Décembre, Janvier et Février, et ainsi de suite.

ANNÉES.	TEMPÉRATURE MOYENNE.			
	Hiver.	Printemps.	Eté.	Automne.
1857	5,8	12,3	22,8	15,4
1858	5,6	14,0	22,3	15,2
1859	6,8	14,3	24,5	15,8
1860	5,4	12,5	21,4	14,3
1861	6,7	14,1	22,8	15,6
1862	7,2	15,4	22,5	14,9
1863	7,4	14,6	24,1	15,1
1864	5,5	15,0	23,7	14,6
1865	6,4	13,1	23,9	16,2
1866	8,3	13,8	23,2	14,5
Moyenne.	6,5	13,9	23,1	15,2

On voit que l'Hiver a été très-doux, c'est le plus chaud de notre série; la température en Janvier et Février a dépassé de 3° la température normale de ces deux mois, et le thermomètre n'est pas descendu à zéro. Le Printemps et l'Été ont été ordinaires, l'Automne un peu au-dessous de la moyenne.

ANNÉES.	JOURS de gelée.	JOURS au-dessus de 30°.	JOURS de neige.	JOURS d'orage.
1857	32	31	3	15
1858	32	46	1	11
1859	28	50	1	13
1860	27	17	4	9
1861	18	40	1	9
1862	15	27	0	14
1863	6	52	1	14
1864	32	52	3	6
1865	24	44	2	8
1866	5	33	0	15
Moyenne.	22	39	2	11

Il n'y a eu dans l'année que 5 jours de gelée à notre observatoire, mais il a dû geler 12 à 15 fois à la campagne, où le thermomètre descend d'environ deux degrés plus bas que dans l'intérieur de la ville.

La plus basse température, —2°, a eu lieu le 30 Novembre au matin ; c'est le jour le plus froid, sa température moyenne a été 2°,5. La température moyenne a été de 5° ou au-dessous le 13 Janvier, le 26 Février, le 15 Mars, enfin le 21 et le 30 Novembre.

Sauf le mois de Juin, l'Été n'a pas été chaud. Le thermomètre est monté 33 fois au-dessus de 30°, savoir : 12 fois en Juin, 18 fois en Juillet, 3 en Août. — La température moyenne du jour s'est élevée 18 fois à 25° ou au-dessus, savoir : 7 fois en Juin, 10 fois en Juillet, 1 fois en Août.

ANNÉES.	NOMBRE DES JOURS			JOURS de pluie.	PLUIE en millimètres.
	BEAUX.	NUAGEUX.	COUVERTS.		
1857	161	98	106	92	1247
1858	196	99	70	77	645
1859	175	110	80	73	506
1860	148	128	90	90	1006
1861	189	97	79	68	842
1862	176	110	79	86	1299
1863	195	95	75	78	853
1864	172	105	89	98	1037
1865	146	134	85	89	719
1866	139	108	118	94	843
Moyenne.	170	108	87	84	900

Les jours les plus chauds ont été le 11 et le 24 Juillet, avec une température moyenne de 27° et au-dessus. — La plus haute température observée a été 35°,4 le 11 Juin.

ANNÉES.	JOURS DE PLUIE.			
	Hiver.	Printemps.	Été.	Automne.
1857	27	23	11	33
1858	26	18	8	27
1859	18	24	10	18
1860	25	18	14	30
1861	29	17	9	18
1862	18	24	12	32
1863	17	26	9	26
1864	25	19	11	34
1865	32	29	15	21
1866	25	32	14	22
Moyenne.	24	23	11	26

On a compté 139 jours où le ciel a été beau, 108 nuageux et 118 couverts. Le nombre des jours où il a plu a été 94, et il y a eu 73 jours absolument pluvieux, savoir : 25 dans le premier trimestre, 17 dans le second, 14 dans le troisième et 17 dans le quatrième. Ainsi, bien que la quantité de pluie soit restée au-dessous de la moyenne, l'année a été pluvieuse; c'est, depuis 10 ans, celle où l'on a eu le moins de beaux jours, le plus de jours couverts et pluvieux, principalement dans les cinq premiers mois.

La quantité de pluie mesurée a été 0m,843, dont la moitié est tombée en Août, Octobre et Décembre. Les mois de Juillet et Novembre ont été secs.

Les jours remarquables par de grandes chutes d'eau sont : le 21 Février, où il est tombé 49mm,5 de pluie; — le 24 Août, par deux orages, 75mm; — du 1er Décembre 6 heures du soir au 5 Décembre 6 heures du matin, 126mm,5.

Les vents du Nord ont été plus fréquents que les vents du Sud dans le rapport de 2 à 1. Les vents d'Est plus fréquents que les vents d'Ouest dans le rapport de 5 à 3; la proportion ordinaire est de 5 à 4. — Il a fait un très-grand vent du Nord-Ouest, sec et froid, les 12, 13 et 14 Mai.

Les plus faibles indications de l'hygromètre à cheveu ont été : 39°,5 le 23 Mars à midi, et 40°,5 à 4 heures; — 42° le 21 Avril à 4 heures; — 42° le 16 Mai à 4 heures; — 39° le 1er Août à 4 heures; — 41°,5 le 15 Août à 4 heures; — 38° le 22 Août à midi et à 4 heures.

Il n'est pas tombé de neige cette année. — Il a fait 15 orages, mais aucun n'a été considérable. — Une averse d'étoiles filantes a eu lieu le 14 Novembre à une heure du matin.

RÉSUMÉ DES OBSERVATIONS MÉTÉOROLOGIQUES FAITES A LA FACULTÉ DES SCIENCES EN 1866.

1866.	8 HEURES DU MATIN.		MIDI.		4 HEURES DU SOIR.		TEMPÉRATURE			NOMBRE DES JOURS où le ciel a été généralem.t			JOURS de pluie.	PLUIE en millimètres.
	Baromètre à zéro.	Thermomètre extérieur.	Baromètre à zéro.	Thermomètre extérieur.	Baromètre à zéro.	Thermomètre extérieur.	Maxima.	Minima.	Moyenne.	Beau.	Nuageux.	Couvert.		
Janvier...	762,2	6,8	761,8	10,9	761,3	10,5	12,0	5,2	8,6	11	8	12	9	58
Février...	57,1	9,0	56,9	12,7	56,0	12,2	13,8	6,7	10,3	8	7	13	10	85
Mars.....	50,8	9,1	50,3	12,9	50,0	12,3	14,3	6,0	10,3	8	12	11	12	68
Avril	56,9	13,0	56,7	16,8	56,2	15,6	18,4	9,2	13,8	7	8	15	12	60
Mai......	53,8	17,2	53,7	20,4	54,9	19,7	22,2	12,3	17,3	8	14	9	8	31
Juin	57,2	22,7	57,0	26,2	56,4	23,6	28,3	16,7	22,5	13	10	7	4	28
Juillet....	57,3	24,2	57,2	23,1	56,3	27,7	30,1	18,3	24,2	20	10	1	1	9
Août.....	57,0	21,8	56,6	25,6	55,8	24,8	27,6	18,0	22,8	13	8	10	9	147
Septembre.	56,9	17,9	56,6	21,6	56,0	21,2	23,4	14,4	18,9	13	6	11	9	76
Octobre...	59,1	13,4	58,9	17,3	58,4	16,8	18,7	10,7	14,7	12	8	11	8	127
Novembre.	60,1	8,6	59,6	13,0	59,1	12,1	13,9	6,2	10,0	15	8	7	5	19
Décembre.	62,5	7,7	62,2	12,0	61,7	11,1	12,7	6,2	9,5	11	9	11	7	135
Moyenne de l'année.	757,8	14,3	757,3	18,1	756,8	17,3	19,6	10,8	15,2					
Total.										139	108	118	94	843

RÉSUMÉ

DES

OBSERVATIONS MÉTÉOROLOGIQUES

FAITES A LA FACULTÉ DES SCIENCES DE MONTPELLIER

PENDANT L'ANNÉE 1865

PAR M. ÉDOUARD ROCHE, PROFESSEUR

Le baromètre s'est tenu, en moyenne, un peu au-dessus de sa hauteur normale; cela tient principalement aux fortes pressions des mois d'Avril, Septembre et Décembre, car il est resté bien au-dessous en Janvier, Février, Mars et Octobre.

ANNÉES.	HAUTEUR MOYENNE DU BAROMÈTRE.			TEMPÉRATURE MOYENNE.
	8 heures du matin.	Midi.	4 heures du soir.	
1857	757,2	757,0	756,3	14,1
1858	757,0	756,6	756,0	14,5
1859	757,5	757,2	756,5	15,1
1860	755,8	755,6	755,0	13,5
1861	757,6	757,4	756,7	14,9
1862	756,8	756,6	755,9	15,0
1863	758,5	758,2	757,5	15,3
1864	756,6	756,3	755,6	14,6
1865	757,4	757,2	756,6	14,9
Moyenne.	757,2	756,9	756,2	14,7

La plus grande hauteur barométrique observée en 1865 a été 770mm,8 le 10 Décembre, à 8 heures du matin et à midi. Le baromètre est descendu à 737mm,6 le 18 Octobre, à 4 heures du soir, et à 736mm,8 le même jour, à 6 heures du soir. — Les hauteurs extrêmes observées depuis 9 ans sont 774mm,2 le 10 Janvier 1859, et 733mm,2 le 13 Janvier 1857.

La température moyenne de l'année, conclue de la demi-somme du maximum et du minimum de chaque jour, a été 14°,9 centigrades; par conséquent supérieure de 0°,27 à la moyenne des 9 ans.

ANNÉES.	TEMPÉRATURE MOYENNE.			
	Hiver.	Printemps.	Été.	Automne.
1857	5,8	12,3	22,8	15,4
1858	5,6	14,0	22,3	15,2
1859	6,8	14,3	24,5	15,8
1860	5,4	12,5	21,4	14,3
1861	6,7	14,1	22,8	15,6
1862	7,2	15,4	22,5	14,9
1863	7,4	14,6	24,1	15,1
1864	5,5	15,0	23,7	14,6
1865	6,4	13,1	23,9	16,2
Moyenne.	6,3	13,9	23,1	15,2

L'Hiver a été ordinaire, le Printemps froid, l'Été

assez chaud , mais surtout l'Automne. — Si l'on consi-
dère les températures des divers mois , on verra que
cette année a présenté un grand dérangement des saisons. Ainsi Janvier a été très-doux , Février ordinaire ,
et Mars très-froid : sa température moyenne est de près
de quatre degrés inférieure à la température normale de
ce mois.

ANNÉES.	JOURS de gelée.	JOURS au-dessus de 30º.	JOURS de neige.	JOURS d'orage.
1857	32	31	3	15
1858	32	46	1	11
1859	28	50	1	13
1860	27	17	4	9
1861	18	40	1	9
1862	15	27	0	14
1863	6	52	1	14
1864	32	52	3	6
1865	24	44	2	8
Moyenne.	24	40	2	11

Il y a eu , en 1865 , 24 jours de gelée, savoir : 8 en
Février, 7 en Mars et 9 en Décembre. En Janvier, le
thermomètre a atteint une seule fois zéro , sans descen-
dre au-dessous.

La plus basse température a eu lieu le 13 Février au

matin, c'est — 7⁰,8. Les jours les plus froids ont été les 11, 12 et 13 Février, dont la température moyenne est restée inférieure à zéro.

Les chaleurs de l'Été, sans être excessives, se sont beaucoup prolongées. Le thermomètre est monté 44 fois au-dessus de 30⁰, savoir : 15 fois en Juin, 16 en Juillet, 7 en Août et 6 en Septembre. — La température moyenne de la journée s'est élevée 30 fois à 25⁰ ou au-dessus, savoir : 7 fois en Juin, 13 en Juillet, 6 en Août et 4 en Septembre.

On voit que Juin a été chaud, Juillet et Août ordinaires ; mais les chaleurs de Septembre ont été tout à fait anormales : sauf les derniers jours, sa température est celle d'un mois d'Août ordinaire.

Les jours les plus chauds ont été le 18 et le 28 Juillet, le 26 et le 27 Août, avec une température moyenne supérieure à 28⁰. — La plus haute température observée a été 35⁰,5 le 26 Août.

On a compté 146 jours où le ciel a été beau, 134 nuageux et 85 couverts. Bien que l'année n'ait pas été pluvieuse, le ciel a été généralement moins serein que dans aucune des 8 années précédentes. — Le nombre des jours où il a plu a été de 89, mais il n'y a eu que 55 jours réellement pluvieux, savoir : 13 dans le premier trimestre, 14 dans le second, 9 dans le troisième et 19 dans le quatrième.

ANNÉES.	NOMBRE DES JOURS			JOURS de pluie.	PLUIE en millimètres,
	BEAUX.	NUAGEUX.	COUVERTS		
1857	161	98	106	92	1247
1858	196	99	70	77	645
1859	175	110	80	73	506
1860	148	128	90	90	1006
1861	189	97	79	68	842
1862	176	110	79	86	1299
1863	195	95	75	78	853
1864	172	105	89	98	1037
1865	146	134	85	89	719
Moyenne.	173	108	84	83	906

La quantité de pluie mesurée à la Faculté des Sciences a été 0m,719, dont la moitié est due aux deux mois d'Octobre et de Novembre. Les mois de Juin et de Septembre ont été très-secs.

Certains jours ont été remarquables par de grandes chutes d'eau. Les 21 et 22 Mars, il est tombé 43mm de pluie (avec de la grêle le 21). — Dans la nuit du 9 au 10 Août, par un orage, 49mm. — Les orages des 1er et 2 Octobre ont donné 191mm. — Du 7 au 8 Novembre il est tombé 101mm.

ANNÉES.	JOURS DE PLUIE.			
	Hiver.	Printemps.	Été.	Automne.
1857	27	23	11	33
1858	26	18	8	27
1859	18	24	10	18
1860	25	18	14	30
1861	29	17	9	18
1862	18	24	12	32
1863	17	26	9	26
1864	25	19	11	34
1865	32	29	15	21
Moyenne.	24	22	11	27

Les vents du Nord ont été cette année plus fréquents que les vents du Sud dans le rapport de 17 à 9. Les vents d'Est plus fréquents que les vents d'Ouest dans le rapport de 4 à 3. — Il a fait de très-forts vents d'Ouest les 14, 15 et 16 Janvier ; les premiers jours de Février ; les 9, 10 et 11 Février, commencement d'une période de froid ; le 21 Février ; et à la fin de Mars, particulièrement le 28 et le 29, qui ont été très-froids.

Les plus basses indications de l'hygromètre à cheveu ont été : 40° le 20 Février, le 29 Mars, le 13 Juin, le 24 Juin ; et 39° le 26 Juin à midi.

Il est tombé de la neige le 3 Janvier et le 13 Décembre, mais elle a fondu immédiatement.

Il a fait 8 orages, dont quatre insignifiants ; celui du 2 Octobre a seul été considérable.

RÉSUMÉ

RÉSUMÉ DES OBSERVATIONS MÉTÉOROLOGIQUES FAITES A LA FACULTÉ DES SCIENCES EN 1865.

1865.	8 HEURES DU MATIN.		MIDI.		4 HEURES DU SOIR.		TEMPÉRATURE			NOMBRE DES JOURS où le ciel a été généralement			JOURS de pluie.	PLUIE en millimètres.
	Baromètre à zéro.	Thermomètre extérieur.	Baromètre à zéro.	Thermomètre extérieur.	Baromètre à zéro.	Thermomètre extérieur.	Maxima.	Minima.	Moyenne.	Beau.	Nuageux.	Couvert.		
Janvier...	752,7	5,6	752,5	9,3	752,1	8,9	10,5	4,0	7,3	6	18	7	13	28
Février...	55,8	4,6	55,9	8,9	55,3	8,9	10,2	2,1	6,2	14	8	6	5	9
Mars.....	52,3	5,4	52,2	8,9	51,7	8,7	10,2	2,2	6,2	7	16	8	8	68
Avril....	60,3	14,2	60,3	18,0	59,6	17,3	19,4	9,4	14,4	10	9	11	10	54
Mai......	58,1	18,7	58,0	22,3	57,3	21,8	23,9	13,7	18,8	9	13	9	11	64
Juin.....	58,5	23,8	58,0	28,1	56,9	27,7	30,1	17,3	23,7	20	8	2	2	1
Juillet..	57,9	25,0	57,7	28,5	57,1	28,0	30,2	18,9	24,6	14	14	3	5	29
Août.....	56,8	22,7	56,7	26,1	56,1	26,0	28,2	18,4	23,3	13	13	5	8	57
Septembre.	62,3	21,9	61,9	27,0	61,1	26,2	28,4	16,9	22,7	21	9	0	1	4
Octobre...	53,1	14,8	52,8	18,2	52,3	17,6	19,2	11,6	15,4	8	11	12	13	247
Novembre..	57,3	9,7	57,0	13,4	56,7	12,5	14,0	7,2	10,6	8	9	13	7	112
Décembre.	63,3	4,0	63,1	8,7	62,7	8,1	9,5	2,6	6,0	16	6	9	6	49
Moyenne de l'année.	737,4	14,2	757,2	18,1	756,6	17,7	19,5	10,4	14,9					
TOTAL.										146	134	85	89	719

Montpellier. — Typ. P. Grollier.

RÉSUMÉ

DES

OBSERVATIONS MÉTÉOROLOGIQUES

Faites à la Faculté des Sciences de Montpellier pendant l'année 1864,

Par M. Édouard ROCHE.

Nous avons suffisamment indiqué, dans les Résumés précédents, comment se font ces observations. Nous nous contenterons aujourd'hui de donner des tableaux au moyen desquels il sera facile de comparer l'année 1864 aux années précédentes, au point de vue de la pression barométrique, de la température, de la pluie, etc.

ANNÉES.	HAUTEUR MOYENNE DU BAROMÈTRE.			TEMPÉRATURE MOYENNE.
	8 heures du matin.	Midi.	4 heures du soir.	
1857	757,2	757,0	756,3	14,1
1858	757,0	756,6	756,0	14,5
1859	757,5	757,2	756,5	15,1
1860	755,8	755,6	755,0	13,5
1861	757,6	757,4	756,7	14,9
1862	756,8	756,6	755,9	15,0
1863	758,5	758,2	757,5	15,3
1864	756,6	756,3	755,6	14,6
Moyenne.	757,1	756,9	756,2	14,6

On voit que le baromètre s'est tenu, en 1864, un peu au-dessous de la moyenne. Cela tient particulièrement aux mois de Février, Mars, Octobre et Décembre : le premier a été signalé par deux chutes de neige considérables, la fin de Mars par des ouragans et de grandes pluies, les deux autres mois par des pluies extraordinaires.

La température moyenne de l'année, conclue de la demi-somme du *maximum* et du *minimum* de chaque jour, a été 14°,6 centigrades, c'est-à-dire précisément égale à la moyenne de nos huit années d'observations. Comparons maintenant les températures des diverses saisons.

ANNÉES.	TEMPÉRATURE MOYENNE.			
	Hiver.	Printemps.	Été.	Automne.
1857	5,8	12,3	22,8	15,4
1858	5,6	14,0	22,3	15,2
1859	6,8	14,3	24,5	15,8
1860	5,4	12,5	21,4	14,3
1861	6,7	14,1	22,8	15,6
1862	7,2	15,4	22,5	14,9
1863	7,4	14,6	24,1	15,1
1864	5,5	15,0	23,7	14,6
Moyenne.	6,3	14,0	23,0	15,1

Suivant l'usage actuel, nous formons l'Hiver des mois de Décembre, Janvier et Février, et ainsi de suite.

L'Hiver a été froid : c'est, après 1860, le plus froid des huit ans. Le Printemps a été chaud, mais un peu moins que celui de 1862. La température de l'Été s'est élevée aussi au-dessus de la moyenne. L'Automne est resté au-dessous.

ANNÉES.	JOURS de gelée.	JOURS au-dessus de 30°,	JOURS de neige.	JOURS d'orage.
1857	32	31	3	15
1858	32	46	1	11
1859	28	50	1	13
1860	27	17	4	9
1861	18	40	1	9
1862	15	27	0	14
1863	6	52	1	14
1864	32	52	3	6
Moyenne.	24	39	2	11

Il y a eu, dans l'année, 32 jours de gelée, savoir : 11 en Janvier, 12 en Février et 9 en Décembre. Ces nombres se rapportent exclusivement à la Faculté des Sciences. Hors la ville, le nombre des jours où il y a eu de la glace ou de la gelée blanche a dû être bien plus considérable, car la différence entre les *minima* de température de la ville et de la campagne peut atteindre deux et jusqu'à trois degrés.

La température la plus basse a eu lieu le 5 Janvier au matin, c'est — 9°,3. Le jour le plus froid a été le 4 Janvier, avec une température moyenne de — 5°; il a gelé toute la journée. La température moyenne du jour est restée au-dessous de zéro les 3, 4 et 5 Janvier, les 8, 9 et 10 Février, et le 20 Février. Ce sont les trois périodes de froid de l'Hiver 1864. Dans chacune d'elles, il est tombé de la neige.

Le 6 Janvier, de 9 heures à midi, grésil et neige qui a persisté jusqu'au lendemain. — Le 10 Février, à partir de 4 heures du soir et dans la nuit, il est tombé une couche de neige de 10 à 12 centimètres d'épaisseur qui a persisté jusqu'au 13. Le 20, de grand matin, et jusqu'au lendemain 11 heures, neige : épaisseur, 15 à 20 centimètres, suivant l'exposition. Elle a persisté jusqu'au 24, bien qu'il ait plu. Aux environs, surtout dans la direction de l'Ouest, il en est tombé encore davantage.

La fin de Mars a été remarquable par des vents violents et de fortes pluies. — Le mois d'Avril n'a pas donné une goutte d'eau. — La seconde moitié de Mai a été très-chaude.

Les chaleurs de l'Été n'ont pas atteint celles de 1859 ou même de 1863 ; mais elles ont commencé de bonne heure et se sont beaucoup prolongées. Le thermomètre, comme l'année dernière, est monté cinquante-deux fois au-dessus de 30°.

La plus haute température observée est 36°,2, le

7 Août. Les jours les plus chauds ont été les 30 et 31 Juillet, les 1, 5, 7, 8 et 9 Août, où la température moyenne a dépassé 28°. — Cette température moyenne s'est maintenue à 25° ou au-dessus, du 19 au 20 Mai, du 21 au 22 Juin, du 11 au 18 Juillet, du 20 Juillet au 9 Août, le 18 et le 23 Août, et encore le 8 Septembre; en tout, 36 jours.

ANNÉES.	NOMBRE DES JOURS			JOURS de pluie.	PLUIE en millimètres.
	BEAUX.	NUAGEUX.	COUVERTS		
1857	161	98	106	92	1247
1858	196	99	70	77	645
1859	175	110	80	73	506
1860	148	128	90	90	1006
1861	189	97	79	68	842
1862	176	110	79	86	1299
1863	195	95	75	78	853
1864	172	105	89	98	1037
Moyenne.	177	105	83	83	929

On a compté dans l'année 172 jours où le ciel a été beau, 105 nuageux et 89 couverts. — Le nombre des jours où il a plu a été 98; mais le nombre des jours réellement pluvieux n'a été que de 61.

La quantité de pluie tombée en 1864 a dépassé notablement la moyenne : elle est de 1^m,037, dont plus des trois quarts proviennent des mois de Mars, Octobre et Décembre. Ces trois mois ont donné 0^m,126, 0^m,344 et 0^m,316 ; la pluie de Décembre est surtout extraordinaire, parce que ce mois n'est pas ordinairement très-pluvieux. Les autres mois ont été secs, et Avril sans pluie.

Voici la répartition des jours de pluie par saisons :

ANNÉES.	JOURS DE PLUIE.			
	Hiver.	Printemps.	Été.	Automne.
1857	27	23	11	33
1858	26	18	8	27
1859	18	24	10	18
1860	25	18	14	30
1861	29	17	9	18
1862	18	24	12	32
1863	17	26	9	26
1864	25	19	11	34
Moyenne.	23	21	11	27

Certains jours ont été remarquables par de grandes chutes d'eau. Du 20 au 21 Mars, il est tombé 50 millimètres de pluie ; — le 27 Mars, 42^{mm} ; — pendant l'orage du 2 Octobre, 190^{mm}, et à l'École normale 239^{mm} ;

— le 26 Octobre, 42^{mm} ; — du 10 au 12 Décembre,
150^{mm} ; — et du 14 au 15 Décembre, 117^{mm}.

Il a fait six orages, dont deux seulement, le 2 et le
27 Octobre, ont été considérables. L'orage du 2 Octobre
a commencé à 3 heures du soir et a duré douze heures.
Deux hommes sont morts foudroyés ; il y a eu plusieurs
blessés. La grande pluie a occasionné des inondations
dans les quartiers bas de la ville.

Les vents du Nord ont été, cette année, plus fréquents que les vents du Sud dans le rapport de 12 à 5.
Les vents d'Est ont été plus fréquents que les vents
d'Ouest dans le rapport de 5 à 4.

RÉSUMÉ

RESUME DES OBSERVATIONS METEOROLOGIQUES FAITES A LA FACULTE DES SCIENCES EN 1864.

1864.	8 HEURES DU MATIN.		MIDI.		4 HEURES DU SOIR.		TEMPERATURE			NOMBRE DES JOURS où le ciel a été généralem.t			JOURS de pluie.	PLUIE en millimètres.
	Baromètre à zéro.	Thermomètre extérieur.	Baromètre à zéro.	Thermomètre extérieur.	Baromètre à zéro.	Thermomètre extérieur.	Maxima.	Minima.	Moyenne.	Beau.	Nuageux.	Couvert.		
Janvier...	763,6	2,3	763,5	5,9	763,1	6,1	7,6	1,1	4,4	16	6	9	8	39
Février...	55,5	3,3	55,2	7,4	54,6	7,1	9,1	1,5	5,3	11	5	13	12	57
Mars.....	51,9	10,0	51,9	13,5	50,9	13,5	15,0	7,1	11,1	13	8	10	12	126
Avril....	57,3	14,4	57,0	18,7	56,2	18,2	20,1	9,0	14,5	18	12	0	0	0
Mai......	55,7	19,7	55,3	23,5	54,5	22,9	25,3	13,7	19,5	16	11	4	7	25
Juin.....	57,7	21,3	57,2	24,6	56,4	25,0	27,1	16,3	21,7	15	9	6	7	33
Juillet...	57,1	24,9	56,6	29,7	55,6	29,6	32,0	19,3	25,7	21	10	0	3	6
Août.....	58,0	23,1	57,7	27,8	56,8	27,3	29,7	18,0	23,8	22	7	2	1	2
Septembre.	58,8	19,1	58,4	23,4	57,6	22,9	25,2	14,6	19,9	16	9	5	8	30
Octobre...	52,5	12,9	52,2	16,5	51,6	16,2	17,9	10,1	14,0	8	9	14	15	344
Novembre.	54,4	8,8	54,0	12,0	53,7	11,4	13,1	6,6	9,8	6	11	13	11	59
Décembre.	56,8	4,7	56,6	7,6	56,0	7,4	8,6	2,8	5,7	10	8	13	14	316
Moyenne de l'année.	736,6	13,7	736,3	17,6	735,6	17,3	19,2	10,0	14,6					
TOTAL.										172	105	89	98	1037

Montpellier. — Typ. P. Grollier.

RÉSUMÉ

DES

OBSERVATIONS MÉTÉOROLOGIQUES

FAITES A LA FACULTÉ DES SCIENCES DE MONTPELLIER

PENDANT L'ANNÉE 1860

Par M. Édouard ROCHE, Professeur

Les Observations météorologiques commencées le
1er Janvier 1857, à la Faculté des Sciences, ont été
continuées sans interruption. Elles ont lieu trois fois
par jour : à huit heures du matin, à midi et à quatre
heures du soir; et consistent dans l'observation du
baromètre, du thermomètre, de l'hygromètre, de l'état
du ciel, du vent, des températures *maxima* et *minima*,
enfin de la quantité de pluie, et des phénomènes accidentels, comme neige, orages, etc.

Le tableau détaillé de ces Observations est inséré
dans les Mémoires de l'Académie des Sciences et Lettres de Montpellier (Section des Sciences). Nous allons

en donner les principaux résultats, avec un tableau résumé des moyennes mensuelles et annuelles.

Baromètre. — Les hauteurs observées ont été ramenées à la température zéro. Si on voulait de plus les réduire au niveau de la mer, il faudrait y ajouter $5^{mm},6$, à raison de l'altitude du baromètre, qui est $58^m,7$ au-dessus du niveau de la Méditerranée.

La plus petite hauteur du baromètre a été observée le 9 Décembre, à huit heures du matin, elle était de $733^{mm},4$; la plus grande, $768^{mm},9$, a eu lieu le 8 et le 9 Janvier, à huit heures du matin. Voici le tableau des moyennes annuelles barométriques et thermométriques depuis 1857 :

ANNÉES.	BAROMÈTRE			TEMPÉRATURE moyenne.
	8 heures du matin.	Midi.	4 heures du soir.	
1857	757,2	757,0	756,3	14,1
1858	757,0	756,6	756,0	14,5
1859	757,5	757,2	756,5	15,1
1860	755,8	755,6	755,0	13,5

Le baromètre, comme on voit, s'est maintenu cette année beaucoup plus bas que d'ordinaire.

Thermomètre. — La température moyenne de
1860, conclue de la demi-somme du *maximum* et du
minimum de chaque jour, a été 13°,55 centigrades.
La plus haute température, 34,6, a eu lieu le 28 juin;
la plus basse, — 6,5, le 11 mars.

Il y a eu, dans l'année, 27 jours de gelée. Le thermomètre est monté dix-sept fois seulement au-dessus
de 30°. En 1859, il avait dépassé 50 fois 30°, et atteint
une fois 40°.

Le jour le plus froid a été le 14 Février, avec une
température moyenne inférieure à — 1°. Le jour le
plus chaud a été le 28 Juin, dont la température
moyenne a dépassé 27°.

Le mois de Février a été très-froid, et l'Été n'a pas
été chaud; de sorte qu'en moyenne, l'année a été beaucoup plus froide que 1859, et même que les deux
années précédentes.

Il importe de remarquer qu'en d'autres points de la
ville, ou bien en plaçant le thermomètre dans d'autres
conditions, on a pu avoir des températures différant
très-notablement de celles obtenues à la Faculté des
Sciences. On jugera de cette influence de l'exposition
et de l'altitude du lieu où l'on observe, par les tableaux
comparatifs, que nous avons donnés les années précé-

dentes, des observations thermométriques faites en divers points de Montpellier et particulièrement au Jardin-des-Plantes.

État du ciel. — Sur les 366 jours de l'année, on en a compté 148 où le ciel a été généralement beau, 128 nuageux et 90 couvert. Il y a eu 90 jours de pluie.

ANNÉES.	NOMBRE DES JOURS OU LE CIEL A ÉTÉ			JOURS de pluie.	QUANTITÉ de pluie.
	BEAU.	NUAGEUX.	COUVERT.		
1857	161	98 .	106	92	1246
1858	196	99	70	77	645
1859	175	110	80	73	506
1860	148	128	90	90	1005

Pluie. — Le pluviomètre, placé sur le toit de la salle d'observation, à 14 mètres au-dessus de la place de la Canourgue, et dont l'altitude est par conséquent de 63 mètres, a reçu cette année une quantité d'eau correspondant à une couche de $1^m,005$; c'est le double de la pluie tombée en 1859. Les mois de Novembre et Janvier ont fourni à eux deux la moitié de la pluie de toute l'année. Les mois de Septembre et Mai en ont aussi donné beaucoup.

Ainsi l'année a été froide et pluvieuse, et cela coïncide avec une dépression constante que présentent les hauteurs barométriques.

Les jours remarquables par de fortes pluies ont été : le 14 Septembre où, en douze heures, il est tombé 88 millimètres d'eau ; le 18 janvier, en 24 heures, 99 millimètres, et le 13 novembre, 110 millimètres. Les quatre jours 11, 12, 13 et 14 Novembre ont donné 220 millimètres.

Vent. — Les vents du Nord ont été environ deux fois plus fréquents que les vents du Sud ; les vents d'Ouest plus fréquents que les vents d'Est, dans la proportion de 4 à 3.

Hygromètre. — Le degré *minimum* donné par l'hygromètre de Saussure a été 34° le 11 février, à quatre heures du soir, la température étant de 3°, et le vent NNO très-fort.

Phénomènes accidentels. — Il est tombé de la neige le 9 et le 12 Mars, le 21 et le 24 Décembre. — On a compté 9 orages.

RÉSUMÉ DES OBSERVATIONS MÉTÉOROLOGIQUES FAITES A LA FACULTÉ DES SCIENCES EN 1860.

1860.	6 HEURES DU MATIN.		MIDI.		4 HEURES DU SOIR.		TEMPÉRATURE			NOMBRE DES JOURS où le ciel a été généralement			JOURS de pluie.	PLUIE en millimètres.
	Baromètre à zéro.	Thermomètre extérieur.	Baromètre à zéro.	Thermomètre extérieur.	Baromètre à zéro.	Thermomètre extérieur.	Maxima.	Minima.	Moyenne.	Beau.	Nuageux.	Couvert.		
Janvier...	757,1	6,6	756,8	9,2	756,4	9,2	10,5	5,0	7,7	6	12	13	15	255
Février...	753,7	1,8	753,6	6,2	753,1	6,0	8,0	—0,4	4,2	17	9	3	3	1
Mars.....	757,0	7,4	756,6	11,3	755,6	11,2	13,1	4,0	8,6	17	10	4	3	9
Avril.....	753,9	11,1	753,5	13,9	753,1	13,6	15,6	7,1	11,4	8	10	12	8	36
Mai......	756,6	17,6	756,3	20,7	755,7	20,1	22,7	12,4	17,5	14	10	7	7	113
Juin......	756,2	19,4	756,1	22,7	755,4	22,4	25,0	14,8	19,9	15	7	8	9	39
Juillet....	756,5	22,4	756,0	26,0	755,0	25,9	28,7	16,7	22,7	17	14	0	1	5
Août......	756,7	20,9	756,4	24,4	755,6	24,1	26,6	16,5	21,6	14	13	4	4	22
Septembre	756,0	17,6	755,8	20,9	755,3	20,6	23,2	13,9	18,5	9	12	9	10	148
Octobre...	760,9	13,8	760,6	17,7	760,0	17,1	19,2	10,8	15,0	14	9	8	7	37
Novembre.	753,5	8,0	753,3	11,1	752,9	10,5	12,3	6,5	9,4	7	11	12	13	264
Décembre.	750,2	5,3	750,1	8,3	749,7	7,7	9,4	3,5	6,4	10	11	10	10	56
Moyennes de l'année.	755,85	12,67	755,59	16,03	754,99	15,70	17,85	9,24	13,53					
TOTAL.										148	128	90	90	1005

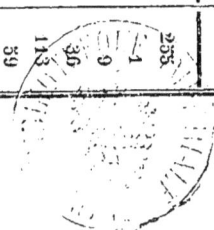

Montpellier. — Imprimerie de P. GROLLIER,
rue des Tondeurs, 9.

www.ingramcontent.com/pod-product-compliance
Lightning Source LLC
Chambersburg PA
CBHW071420200326
41520CB00014B/3509